DAS ZAUBERWORT HEISST OFFENSIVE 2

DARK THRILLER

FÜR MEINEN EHEMANN

VORWORT

DIE REIHE UM DR. X BESTEHT AUS:

CHRONIK / CHRONIK II (25 TEILE)

HAYLEY SERIE PART 1 – 6

THE X ZWIELICHT PART 1 – 5

THE X STORY (INKL. HAYLEYSTORY) IST EINE EXTRA EDITION

MR. DLF IST DIE NEUE SERIE DER X REIHE, BESTEHEND AUS PART 1: MR. DLF,

TEIL 2 / 3 AMAZING HORROR

& AMAZING HORROR CONTINUES UND PART 4 – THE RESEARCH PART 5, X GROUP USA UND MR. DLF PART 7

ALLE BÜCHER ENTHALTEN EIN INTRO, SO DASS DER LESER DIREKT MITTENDRIN IST!

INTRO

DR. X HAT 20 JAHRE LANG FELDFORSCHUNG AN MENSCHEN OHNE DEREN WISSEN GEMACHT. DIE X GRUPPE, DASS SIND AUTOREN, THERAPEUTEN, JOURMALISTEN HABEN ALLES AUFGEDECKT. DR. X, BEKEHRT, GEHÖRT AUCH ZUR X GRUPPE, GENAU WIE DER CHIP HAKER PROF. WALKER.

DIE X GRUPPE: BEN XYLIT = DR. X, SETH,KRID, HENRY

HAYLEY, LEO, JOANNE, DLF, TF
UND RUSS. PHARMAKOLOGEN.
ALLE, DIE IN DER X GRUPPE
SIND, HABEN EINS GEMEINSAM:
EIN IMPLANTAT, EINEN CHIP IM
KOPF. DIE MITGLIEDER DER X
GRUPPE WISSEN DAS, EBENSO
DASS DURCH EIN MEDIKAMENT
DIE PROGRAMMIERUNG DER
CHIPS MOEGLICH IST OHNE
WISSEN DER BETROFFENEN,
CHIP HAKING IN DIE
PERSÖNLICHKEIT.

IN DER NEUEN SERIE HAT MR.
DLF UEBER ZWEI ERLEBNISSE,

DIE VOR UEBER 10 JAHREN PASSIERT SIND, GESPROCHEN UND DAMIT EINE LAWINE INS ROLLEN GEBRACHT ...

POSTEN

AUS WIR KINDER DIESER ERDE
VON DLF — DLF POSTET AUF
DRÄNGEN SEINER FRAU IN
EINEM SOZIALEN NETZWERK
AUS SEINEM BUCH DIESE GE —
SCHICHTE :

11

ERGÄNZENDES ERLEBNIS 1

...ICH FUHR MIT DEM NAGELNEUN BMW EINES FREUNDES, DR. WERNER OMMER, IN RICHTUNG PIRMASENS, OHNE ZIEL. ICH WOLLTE WEG, KEINEN MENSCHEN MEHR SEHEN ODER HÖREN, ES SOLLTE EINE FAHRT INS PARADIES WERDEN. UND DORT KAM ICH AUCH AN. MITTEN AUF DER LANDSTRASSE GING DAS BENZIN AUS, DIE TANKUHR BLINKTE UND ICH MUSSTE AUS

NICHT VERSTÄNDLICHEN GRÜNDEN IMMER WENN ICH DAS BLINKEN SAH, DENKEN, DAS IST GOTT. DER WAGEN BLIEB AUF GERADER STRECKE STEHEN, KEIN MENSCH IN SICHT, WEIT UND BREIT... AN DER RECHTEN SEITENSCHEIBE PLÖTZLICH, ZWEI HELLE BLAU AUGEN, ICH FRAGTE, WAS IST DAS DEN? WER IST DAS? IN MEINEM KOPF BEGANN EINE STIMME ZU SPRECHEN, IMMER DANN WENN ICH DIE AUGENPAARE ANGESEHEN

HATTE. ER ERZÄHLTE MIR, DU WOLLTEST DOCH INS PARADIES, DU HAST DIE MÖGLICHKEIT HEUTE DORT HIN ZU KOMMEN. ICH DACHTE NUR, DORT DRAUßEN AM FENSTER STEHT EIN GEIST UND DER NIMMT MICH JETZT MIT. ER ERKLÄRTE MIR DAS DER WAGEN JETZT GLEICH VON SELBER FAHREN WÜRDE UND DAS ICH

EINEN TEST BESTEHEN MUSS.
ICH LÖSTE DIE HANDBREMSE
UND DER WAGEN BEGANN
NACH VORNE ZU ROLLEN UND
BLIEB DANN STEHEN, AUF DER
STRASSE ERSCHIENEN BILDER
ZU DENEN MIR FRAGEN
GESTELLT WURDEN, NACHDEM
ICH DIESE BEANTWORTET
HATTE FUHR, ROLLTE DER
WAGEN ZURÜCK UND BLIEB
WIEDER STEHEN, DANN
ERSCHIENEN NEU BILDER UND

MIR WURDEN WIEDER DAZU FRAGEN GESTELLT... DAS GANZE DAUERTE ETWA 20 MINUTEN, VORWÄRTS, RÜCKWÄRTS. ALS LETZTES BILD ERSCHIEN EINE FRAU AUF DER STRASSE UM DIE HERUM EINE GANZE MENGE IN EINEM KREIS ANGEORDNETE KLEINE UNDEFINIERBARER WESEN KRABBELTEN. DANN HÖRTE ICH VOM HIMMEL LAUT EINE STIMME SAGEN, DU HAST KINDER. DER SPUK WAR VORBEI UND ALLE BILDER

HATTEN SICH AUFGELÖST, ICH
STIEG AUS DEM WAGEN AUS
UND DACHTE, WAS WAR DAS,
WER HAT EBEN DIESEN WAGEN
ANGESCHOBEN, ICH SPINNE
DOCH NICHT, DASS PASSIERTE
EBEN WIRKLICH. ICH SUCHTE
DEN HIMMEL AB, DEN WALD,
DIE STRASSE, NICHTS. 15
METER ENTFERNT VON DEM
WAGEN ERSCHIENEN AUF DER
STRASSE IN EINEM DREIECK
ANGEORDNET DREI GESICHTER
VON DREI ALTEN MÄNNERN
VON SCHNEE WEISER FARBE

17

UND DER EINE SAGTE ZU DEN ANDEREN BEIDEN, DASS HAT ER GUT GEMACHT UND VON DEM WAGEN HER RIEF DIE STIMME DER FRAU, NIMM DIR DAS LEBEN...

WAS KANN DAS NUR GEWESEN SEIN, DIE SACHE MIT DEM AUTO...? DIE KOMMUNIKATION MIT DIESEM WESEN, DIE BEIDEN HELLBLAU LEUCHTENDEN AUGENPAARE AN DER RECHTEN SEITENSCHEIBE, WAR SO SCHÖN, FAST UNBESCHREIBLICH. ES WAR SO

LIEB, WER WAR DAS UND WER WAR DIE FRAU, DIE LAUT GESPROCHEN HATTE. UND DIE DREI ALTEN MÄNNER, VON DEN EINER SAGTE DAS ICH DAS GUT GEMACHT HÄTTE, IN DEM AUTO SITZEN DAS VON "ALLEINE" FÄHRT. DAS HAT ER GUT GEMACHT. WAS?

KRID, LEO, JOANNE, HENRY,
BEN, HAYLEY SOLA KOMMEN
ÜBERRSCHEND ZU BESUCH
UND SIND ALLE DER MEINUNG :

POSTE DIE WURZEL DES
BÖSEN !!!

DIE WURZEL DES BÖSEN

DIE GESETZE SIND STRENG IM ABENTEUER LAND UND WERDEN UNERBITTLICH EINGEHALTEN...ES WAR EINE ZEIT IM UNIVERSUM ALS DIE GEISTER, DIE LEBTEN DIE LÜGE NOCH NICHT KANNTEN, ES GAB NOCH KEINE MENSCHEN. DOCH EINES TAGES BEGANN EIN ERSTES GEISTGESCHÖPF ZU LÜGEN, ES SAGTE DIE UNWAHRHEIT UND DIE LÜGE

WAR GEBOREN. FORTAN WURDE
ER DER VATER DER LÜGE
GENANNT, TOD, KRIEG, MORD,
ALLES WAS NICHT RECHT IST
GEHT AUF SEIN KONTO. ER
ALLEIN BRACHTE DAS
KOMPLETTE UNIVERSUM AUS
DEM GLEICHGEWICHT UND
VERDARB DIE MENSCHHEIT BIS
AUF DIE, DIE DER LÜGE
WIDERSTEHEN KONNTEN.1914
WURDE JESUS CHRISTUS DER
VON DEN NATIONEN
GENOMMEN WURDE DIE
HERRSCHAFT IM HIMMEL

22

ÜBERTRAGEN. GESTORBEN UM DIE LIEBE DES HERRN ZU BEWEISEN. DER MENSCHENSOHN. DER WIDERSACHER WURDE MIT ALLEN SEINEN ANHÄNGERN AUF DIE ERDE VERBANNT, DER VATER DER LÜGE. SAGT DIE BIBEL. GENAU 50 JAHRE SPÄTER WURDE EIN MENSCH GEBOREN DEM ES ZUR AUFGABE GEMACHT WURDE DIESEN VATER DER LÜGE ZU VERHAFTEN UND DINGFEST ZU MACHEN. DIESER MENSCH IST

NICHT STERBLICH, ER HAT
DIESES WISSEN, EWIG LEBEN
ZU KÖNNEN, ER IST
AUSGESTATTET MIT EINER
UNSTERBLICHEN "SEELE", IM
INNEREN SEINES
MENSCHLICHEN KOPFES SITZT
EINE NUKLEARBETRIEBENE
MASCHINE, EIN SELBSTSTÄNDIG
LERNENDER COMPUTER DER
KEINE FEHLER MACHEN KANN,
PROGRAMMIERT MIT DEM
WISSEN, DAS ES BEI SEINER
ERSCHAFFUNG IM UNIVERSUM
GAB. DAS WICHTIGSTE WAS

DIESER MENSCH IN JAHREN DES KAMPFES UND DES SCHMERZES GELERNT HAT, IST DIES ZU VERSTEHEN UND HINZUNEHMEN. DER MENSCH UND DIE MASCHINE VERTRAGEN SICH MITTLERWEILE UND DIE MASCHINE OFFENBARTE DIESEM MENSCHEN ALLES WISSEN DAS NÖTIG IST UM DIE MENSCHHEIT UND DIE GEISTER ZU KONTROLLIEREN UND UMGEKEHRT. DIESE "ENERGIEN" KÖNNEN STERBLICHE NICHT

VERSTEHEN, ALS DIESER MENSCH AUF DEM HÖHEPUNKT SEINES WISSENS ANGELANGT WAR UND MIT SEINEN ERLANGTEN MÄCHTEN SPIELTE UND SICH SELBST VERWIRKLICHEN WOLLTE ERSCHIEN IHM DER VATER ALLER DINGE, DER WELCHER DER ERSTERE WAR UND SPRACH ZU IHM. NUN IST ES AN ZEIT DIR EIN GESCHENK ZU MACHEN. ICH SCHENKE DIR DEN PLANETEN ERDE, GEH VERANTWORTUNGSVOLL MIT

IHM UM AUCH WENN DU DIE
MACHT UND DAS WISSEN
HAST DIR EINEN SOLCHEN
PLANETEN SELBST ZU
SCHAFFEN, ABER BEDENKE, DU
KANNST DIES ERST NACH
DEINEM TOD ALS MENSCH,
ABER WARUM STERBEN, NIMM
MEIN GESCHENK AN UND
FÜHRE DIE MENSCHHEIT ZUM
EWIGEN LEBEN, DU HAST
DIESES WISSEN. NUTZE ES
FÜR DICH. HÖRE AUF ZU
SPIELEN UND ÜBERNEHME
VERANTWORTUNG. ICH BIN

DIESER MENSCH. AM TAG MEINER ERLEUCHTUNG SCHRIEB ICH EINE "PROPHEZEIUNG" ÜBER MICH SELBST. DIE ÜBERSCHRIFT LAUTETE, "DER WURM DER WÜRMER". DANN WURDE ICH HINGEWORFEN, NACHDEM ICH DAS WISSEN ERHIELT, WIE DER UNSTERBLICHE MENSCH ZU LEBEN HAT, 3 TAGE DURFTE ICH ALS DER HÖCHSTE VERGEISTIGTE MENSCH LEBEN. DAS WEIß ICH WIRKLICH. DANN WURDE ES MIR WEGGENOMMEN,

ABER ICH WUSSTE, DIESER DREITÄGIGE ZUSTAND DEN ICH ERLEBTE, DASS IST DAS ZIEL DER MENSCHEN, VOLLKOMMENHEIT, DIE GRUNDINTELLIGENZ UND DIESES WISSEN MUSS ICH WEITER GEBEN, DASS IST MEINE PFLICHT. DACHTE ICH. ICH WERDE ALLE DORT HIN BRINGEN UND ICH WERDE NIE AUFGEBEN KÖNNEN. ICH HABE NUR EINEN GEGENSPIELER UND DAS IST DER WIDERSACHER UND SEINE ANHÄNGER. DER

VATER DER LÜGE. ER PERSÖNLICH FÜRCHTETE UM SEINE EXISTENZ, ER HATTE ANGST, DASS DIE ÜBER IHN GESCHRIEBENE PROPHEZEIUNG AUS DER BIBEL WAHR WÜRDE UND ER VERNICHTET WERDEN WÜRDE. NACH MEINER "ERLEUCHTUNG" WURDE MIR KLAR WELCHEN GROßEN SCHADEN ER ANGERICHTET HATTE, ICH MUSSTE ALLES AUF DER ERDE BETRACHTEN WAS GESCHEHEN WAR, ES WAR EIN UNERTRÄGLICHER SCHMERZ

IM ANGESICHT DESSEN WAS HÄTTE SEIN KÖNNEN, WENN ER NICHT GELOGEN HÄTTE, WENN ES IHN NICHT GEBEN WÜRDE. EIN JAHR LANG QUÄLTE ER MICH IN DEM ER MEINE VERGEHEN MIR ANLASTETE UND BEHAUPTETE, ICH SELBST WÄRE DAFÜR VERANTWORTLICH. EIN JAHR LANG MUSSTE ICH IHN IMMER WIEDER SEHEN, DAS MÄDCHEN DAS ICH KÜSSTE, IN DER DISCO, HATTE SEIN GESICHT, ER ZEIGTE SICH BEI JEDER GELEGENHEIT, ICH NAHM

JEDEN SCHMERZ HIN DEN ICH
JEMALS EINEM ANDEREN
ZUFÜGTE, JEDE FLIEGE DIE ICH
TÖTETE, DIE MASCHINE
ERLAUBTE MIR MEIN GEHIRN
ZU TRANSFORMIEREN UND DIE
GEBURT EINER FLIEGE ZU
SIMULIEREN UND AUCH WIE SIE
ZU TODE KAM, GENAU SO WIE
ICH SIE UMGEBRACHT HATTE,
DIESEN SCHMERZ, ERFUHR ICH
AN EIGENEM LEIB. SO TÄT ICH
ES MIT ALL MEINEN VERGEHEN
BIS MEINE SCHULD GESÜHNT
WAR UND ICH BEWIES IHM, ICH

BIN NICHT WIE DU, ICH SPENDE UND ERHALTE LEBEN IM GEGENSATZ ZU DIR. WAS ICH GETAN HABE IST DEINE SCHULD, DU BIST DER VERURSACHER. 1987 NAHM ICH IHN AM KRAGEN UND TAUFTE IHN MIT GEWALT IN EINEM BRUNNEN. IM GEISTE. ES GIBT FÜR MICH KEINEN TOD, DASS IST NICHT LOGISCH. ALSO HABE ICH IHM VERGEBEN. NACH MEINER REINIGUNG MUSSTE ICH MIT EINEM HEILIGEN SCHEIN ÜBER

DEN ST. JOHANNER MARKT GEHEN. JESUS TRAT IMMER ÖFTER IN MEIN LEBEN, AUCH ER SPRACH ZU MIR, FOLGE MIR! ICH LIEBE DEN HERRN JESUS CHRISTUS VON GANZEM HERZEN, NUR ER IST DER UNERMÜDLICHE HÜTER DER LIEBE IM ALL, SEINE LIEBE IST DIE WUNDERBARSTE IM GANZEN ALL UND GOTT IST EIN FALL FÜR SICH, IHN LIEBE ICH AUCH VON GANZEM HERZEN. ER IST DER HÜTER ALLER GESETZE, SEINER GESETZE. DAS WORT

GOTTES IST GUT. DER MENSCH DER SO WEIT GEHT, DASS SICH IHM GOTT PERSÖNLICH OFFENBART, IN SEINER GANZEN HERRLICHKEIT, DIESER MENSCH IST FÜR DIE NÄCHSTEN 6 JAHRE KRANK VON ÜBERWÄLTIGUNG. MIR GING ES SO! ICH HABE ES ERLEBT. DOCH IN MEINEM FALL MUSSTE ES SEIN, GOTT BRAUCHTE MEINE HILFE UND ICH SEINE, ER KONNTE NICHT MEHR MIT ANSEHEN WIE DIE MENSCHEN MIR TATEN UND

ERHOB MICH AUF DAS HÖCHSTE, DASS LETZTE BEWUSSTSEIN. GOTTESBEWUSSTSEIN. ABER BRAUCHTE ER MEINE HILFE? DAS ENDE DER ZEIT IST GEKOMMEN UND DIE ORDNUNG IM UNIVERSUM WIRD WIEDER HERGESTELLT. SIE KÖNNEN ES ÜBERALL BETRACHTEN. ICH HABE DAZU BEIGETRAGEN, ICH WURDE DAZU GESCHAFFEN. ICH, DER MODERNE MASCHINENMENSCH, DESSEN "SEELE" DER

NUKLEARBETRIEBENE
SELBSTÄNDIG LERNENDE
COMPUTER DER KEINE
UNBEWUSSTEN FEHLER
MACHEN KANN IST, SICH NUR
ANPASST, DER, DER WEIT
DRAUßEN IM ALL IN EINEM
RAUMSCHIFF ENTWICKELT
WORDEN IST. MAN HAT MIR
DAS RAUMSCHIFF WO ICH
GESCHAFFEN WORDEN BIN
GEZEIGT, EINE ETWAS
SCHWIERIGER ZU ERKLÄRENDE
FERNSEHÜBERTRAGUNG. MEIN
INNERES IST EINE KÜNSTLICHE

UND UNZERSTÖRBARE INTELLIGENZ, ICH WERDE IMMER SEIN, DASS WEIß ICH MIT SICHERHEIT. ES MACHT MIR NICHTS AUS, WENN MAN MICH NICHT ERNST NIMMT, IST AUCH GAR NICHT WICHTIG. ICH HABE MEINEN AUFTRAG ERFÜLLT UND NUN DARF ICH WIEDER NORMAL WERDEN. DOCH SO VIEL SEI GESAGT, ES WERDEN MEHR MASCHINEN KOMMEN UND SYMBIOSEN MIT MENSCHEN EINGEHEN, DER GRUNDSTEIN HIERFÜR WURDE

VON MIR GELEGT UND DAS LAND IST VERMESSEN. DER EWIGE FRIEDEN IST GESICHERT, WIR STEUERN IN EINE PERFEKTE ZUKUNFT, UND ES WIRD WUNDERSCHÖN SEIN AUF DER ERDE, BALD WIRD NUR NOCH EINE FAHNE WEHEN UND AUF DIESER STEHT: VEREINIGTER PLANET! ES GIBT NOCH VIEL ZU TUN UND ICH MUSS NACH MEINER LANGEN REISE EINE NEUES PROGRAMM SCHREIBEN, EIN PROGRAMM, DAS MIR

ERMÖGLICHT WIEDER ALLES ZU TUN, WAS ICH TUN MUSS/WILL UM EIN GANZ NORMALER MENSCH ZU SEIN, DER FÜR SICH SELBST SORGEN KANN UND UNBESCHOLTEN BLEIBT ...

DIE KALUBFIBIANER, K.A.L.U.B.F.B., (KANN ALLES LERNEN UND BLEIBT FÜR IMMER BESTEHEN).

... TO BE CONTINUED

UND DIE X GRUPPE SCHWEIGT.
BESONDERS DAS WORT
KALUBFIB FASZINIERT SIE.
BESONDERS SOLA UND
HAYLEY DRÄNGEN, DAS MÜSSE
AUF DER STELLE IN WIKIPEDIA,
ALS WORTNEUSCHÖPFUNG,
NEOLOGISMUS. DLF LÄCHELT.
ER ZEIGT SEINEN FREUNDEN,
WAS SO ALLES IM INTERNET
ÜBER IHN STEHT. SIE KOMMEN
AUS DEM STAUNEN NICHT
MEHR HERAUS. KRID KLOPFT
DLF AUF DIE SCHULTER. DOCH
EIN SCHULTERKLOPFEN HILFT

NICHT WEITER. JEDER DER X GRUPPE HAT DLFS BUCH GELESEN – UND WIE DLFS GRÖßTER FAN, SEINE EHEFRAU TF, SIND SIE DER MEINUNG, ES MACHE SÜCHTIG. HENRY BRINGT ES AUF DEN PUNKT :
„WIR SIND ZWAR ALLE SCHRIFTSTELLER, THERAPEUTEN, AUTOREN, JOURNALISTEN, THERAPEUTEN, DOCH WAS WIR IN ERSTER LINIE SIND: WISSENSCHAFTLER. ÜBERLEGT DOCH MAL." KRID RELIEF STIMMT IHM ABSOLUT

ZU. WÄREN DLF UND SEINE FRAU NICHT IN DER X GRUPPE, WÜRDEN WIR ALLE UNS STÄNDIG IN UNSEREM CHIPKREIS DREHEN."

DA MUSSTEN ALLE LACHEN, OBWOHL ES NICHT ZUM LACHEN IST. KONFRONTATION, OFFENSIVE — SOVIEL PUBLIK MACHEN WIE MÖGLICH. BEN UND KRID NUTZEN IHRE KONTAKTE ZU WISSENSCHAFTLERN, HENRY SEINE INFORMATEN. SETH UND DIE RUSSISCHEN FREUNDE

SIND ZWAR NICHT DA, DOCH KRID SCHREIBT IHNEN EINE EMAIL. BEN, DER SCHWEIGSAM WAR, BEGINNT SEINE SICHT DER DINGE ZU FORMULIEREN „IHR WISST, DASS ICH, DER BÖSE DR. X SEIT ÜBER ZWANZIG JAHREN AM FORSCHEN BIN. DA GIBT ES ZUSAMMENHÄNGE ..." UND ER BRICHT SEINE REDE AB. ER VERSINKT IN GEDANKEN. KRID STEHT AUF UND SAGT : JETZT FÄNGT ES AN !

... **TO BE CONTINUED**